西藏自治区
水土保持工程
施工机械台时费定额

西 藏 自 治 区 水 利 厅
西藏自治区发展和改革委员会 发布

·北京·

图书在版编目（CIP）数据

西藏自治区水土保持工程施工机械台时费定额 / 西藏自治区水利厅，西藏自治区发展和改革委员会发布. -- 北京 : 中国水利水电出版社，2020.7
ISBN 978-7-5170-8651-2

Ⅰ. ①西… Ⅱ. ①西… ②西… Ⅲ. ①水土保持－水利工程－施工机械－费用－工时定额－西藏 Ⅳ. ①S157.2

中国版本图书馆CIP数据核字(2020)第106188号

书　　名	**西藏自治区水土保持工程施工机械台时费定额** XIZANG ZIZHIQU SHUITU BAOCHI GONGCHENG SHIGONG JIXIE TAISHIFEI DING'E
作　　者	西藏自治区水利厅　西藏自治区发展和改革委员会　发布
出版发行	中国水利水电出版社 （北京市海淀区玉渊潭南路1号D座　100038） 网址：www.waterpub.com.cn E-mail：sales@waterpub.com.cn 电话：（010）68367658（营销中心）
经　　售	北京科水图书销售中心（零售） 电话：（010）88383994、63202643、68545874 全国各地新华书店和相关出版物销售网点
排　　版	中国水利水电出版社微机排版中心
印　　刷	清淞永业（天津）印刷有限公司
规　　格	140mm×203mm　32开本　4印张　108千字
版　　次	2020年7月第1版　2020年7月第1次印刷
印　　数	0001—1200册
定　　价	**68.00**元

西藏自治区水利厅
西藏自治区发展和改革委员会（文件）

藏水字〔2020〕34号

关于颁布《西藏自治区水土保持工程概算定额》《西藏自治区水土保持工程施工机械台时费定额》《西藏自治区水土保持工程概（估）算编制规定》的通知

各市（地）水利局、发展和改革委员会、有关单位：

为适应西藏自治区经济社会的快速发展，进一步加强水土保持工程造价管理和完善定额体系，合理确定和有效控制工程投资，提高资金使用效益，根据《中华人民共和国水土保持法》《西藏自治区实施〈中华人民共和国水土保持法〉办法》，结合近年来生产建设项目水土保持工程和水土保持生态建设工程等建设项目实施情况，自治区水利厅组织编制了《西藏自治区水土保持工程概算定额》《西藏自治区水土保持工程施工机械台时费定额》《西藏自治区水土保持工程概（估）算编制规定》，经水利行业部门审查，并征求了相关部门意见，现予以颁布，自2020年7月1日起执行。本次颁布的定额和编制规定由西藏自治区水利厅负责解释。

附件：1. 西藏自治区水土保持工程概算定额

2. 西藏自治区水土保持工程施工机械台时费定额

3. 西藏自治区水土保持工程概（估）算编制规定

西藏自治区水利厅　西藏自治区发展和改革委员会

2020 年 5 月 25 日

西藏自治区水利厅办公室　　2020 年 5 月 25 日印发

西藏自治区水土保持工程施工机械台时费定额

主持单位： 西藏自治区水利厅

承编单位： 西藏自治区水土保持局

长江水利委员会长江科学院

定额编制领导小组

组　长：赵　辉　罗布次仁

副组长：易云飞　普布扎西

成　员：次旦卓嘎　益西卓嘎　王印海　皇甫大林

定额编制组

组　长：易云飞　张平仓

副组长：税　军　宫奎方　刘纪根　程冬兵

海　滨　迷玛次仁

主要编制人员

程冬兵　海　滨　杨贺菲　刘晓璐　邹　翔

李　昊　刘晨曦　张文杰　胡　波　张长伟

谢　浩　杨　晶　童晓霞　石劲松　乔　哲

张　超　迷玛次仁　拉巴扎西　周　鹏

谭杰峻　格桑卓玛　扎西坚村　旦增加拉

格桑旺堆　旦增松格　萍　央　嘎玛石达

德吉色珍　张志强　梁　博　洛桑旦增

张宙阳　孙志强　张晓雪　米玛次仁

目　　录

说 明

一、本定额是以水利部颁发的《水利工程施工机械台时费定额》为基础，结合西藏自治区水土保持工程特点编制，内容包括土石方机械、混凝土机械、运输机械、起重机械、砂石料加工机械、钻孔灌浆机械、动力机械和其他机械共八章。

二、本定额以台时为计量单位。

三、本定额由两类费用组成，定额表中以（一）、（二）表示。

一类费用分为折旧费、修理及替换设备费（含大修理费、经常性修理费）和安装拆卸费。

二类费用分为人工、动力燃料或消耗材料，以工时数量和实物消耗量表示，其费用按国家规定的人工工资计算办法和工程所在地的物价水平分别计算。

四、各类费用的定义及取费原则如下：

1. 折旧费：指机械在寿命期内回收原值的台时折旧摊销费用。

2. 修理及替换设备费：指机械在使用过程中，为了使机械保持正常功能而进行修理所需费用，日常保养所需的润滑油料费、擦拭用品费、机械保管费，以及替换设备费、随机使用的工具附具等所需的台时摊销费用。

3. 安装拆卸费：指机械进出工地的安装、拆卸、试运转和场内转移及辅助设施的摊销费用。不需要安装拆卸的施工机械台时费用不计列此项费用。

4. 人工：指机械使用时机上人员的工时消耗，包括机械运转时间、辅助时间、用餐、交接班以及必要的机械正常中断时间。台时费中人工费按工程措施人工预算单价计算。

5. 动力、燃料或消耗材料：指正常运输所需的风（压缩空气）、水、电、油及煤等。其中，机械消耗电量包括机械本身和最后一级降压变压器低压侧至施工用电点之间的线路损耗。风、水、消耗包括机械本身和移动支管损耗。

五、本定额备注栏内注有符合“※”的大型机械，表示该项定额未列安装拆卸费，其费用在“其他临时工程”中解决。

六、本定额单斗挖掘机台时费均适用于正铲和反铲。

七、本定额子目编号按以下方式排列：

土石方机械	1001～	混凝土机械	2001～
运输机械	3001～	起重机械	4001～
砂石料加工机械	5001～	钻孔灌浆机械	6001～
动力机械	7001～	其他机械	8001～

一、土石方机械

项目		单位	单斗挖掘机				
			油动		电动		液压
			斗容/m³				
			0.5	1.0	2.0	3.0	0.6
(一)	折旧费	元	21.97	28.77	41.56	68.28	32.74
	修理及替换设备费	元	20.47	29.63	43.57	55.67	20.21
	安装拆卸费	元	1.48	2.42	3.08		1.60
	小计	元	43.92	60.82	88.21	123.95	54.55
(二)	人工	工时	2.7	2.7	2.7	2.7	2.7
	汽油	kg					
	柴油	kg	10.7	14.2			9.5
	电	kW·h			100.6	128.1	
	风	m³					
	水	m³					
	煤	kg					
备注						※	
编号			1001	1002	1003	1004	1005

续表

单斗挖掘机					索式挖掘机	
液压					油动	
斗容/m³						
1.0	1.6	2.0	2.5	3.0	1.0	2.0
35.63	52.37	89.06	136.51	174.56	34.83	47.50
25.46	32.99	54.68	65.21	83.44	36.58	49.88
2.18	2.57	3.56	4.18		3.14	4.28
63.27	87.93	147.30	205.9	258.00	74.55	101.66
2.7	2.7	2.7	2.7	2.7	2.7	2.7
14.9	18.6	20.2	25.4	34.6	14.6	19.4
				※		
1006	1007	1008	1009	1010	1011	1012

项目		单位	索式挖掘机		多斗挖掘机		
			油动		链斗式		轮斗式
			斗容/m³				
			3.0	4.0	0.045	0.08	DW—200
(一)	折旧费	元	76.00	190.00	13.95	17.81	71.25
	修理及替换设备费	元	72.20	114.00	17.24	19.87	74.11
	安装拆卸费	元			1.96	2.22	
	小计	元	148.20	304.00	33.15	39.90	145.36
(二)	人工	工时	2.7	2.7	2.4	2.4	5.3
	汽油	kg					
	柴油	kg	32.3	40.4	8.4	15.4	
	电	kW·h					106.2
	风	m³					
	水	m³					
	煤	kg					
备注			※	※			※
编号			1013	1014	1015	1016	1017

续表

挖掘装载机		装载机			
斗容/m³		轮胎式			
挖0.1 装0.42	挖0.2 装0.5	斗容/m³			
		1.0	1.5	2.0	3.0
7.72	8.91	13.15	16.81	32.15	51.15
6.92	7.99	8.54	10.92	24.20	38.37
0.57	0.66				
15.21	17.56	21.69	27.73	56.35	89.52
1.3	1.3	1.3	1.3	1.3	1.3
6.6	8.8	9.8	9.8	19.7	23.7
				※	
1018	1019	1020	1021	1022	1023

项目		单位	装载机				多功能装载机
			履带式		侧卸式		
			斗容/m^3				ZDL—250
			0.8	3.2	2.8	4.0	250m^3/h
(一)	折旧费	元	52.78	133.70	136.52	140.74	191.83
	修理及替换设备费	元	32.79	71.10	82.29	84.84	105.51
	安装拆卸费	元					
	小计	元	85.57	204.80	218.81	225.58	297.34
(二)	人工	工时	1.3	2.4	2.4	2.4	2.4
	汽油	kg					
	柴油	kg	12.7	62.9	28.5	38.2	14.0
	电	kW·h					
	风	m^3					
	水	m^3					
	煤	kg					
备注							
编号			1024	1025	1026	1027	1028

续表

推土机						
功率/kW						
55	59	74	88	103	118	132
7.14	10.80	19.00	26.72	32.91	39.00	43.54
12.50	13.02	22.81	29.07	35.64	39.71	44.24
0.44	0.49	0.86	1.06	1.30	1.54	1.72
20.08	24.31	42.67	56.85	69.85	80.25	89.50
2.4	2.4	2.4	2.4	2.4	2.4	2.4
7.9	8.4	10.6	12.6	14.8	17	18.9
1029	1030	1031	1032	1033	1034	1035

项目		单位	推土机				
			功率/kW				
			150	162	176	235	250
(一)	折旧费	元	47.50	60.00	66.18	100.55	152.00
	修理及替换设备费	元	48.23	55.63	59.57	80.44	94.54
	安装拆卸费	元	1.97	2.40	2.65	3.71	4.56
	小计	元	97.70	118.03	128.4	184.70	251.10
(二)	人工	工时	2.4	2.4	2.4	2.4	2.4
	汽油	kg					
	柴油	kg	21.6	23.3	25.3	33.7	35.9
	电	kW·h					
	风	m^3					
	水	m^3					
	煤	kg					
备注							
编号			1036	1037	1038	1039	1040

续表

拖拉机							
轮式			履带式				
功率/kW							
20	26	37	55	59	74	88	118
1.90	2.28	3.04	3.80	5.70	9.65	15.20	16.08
2.28	2.74	3.65	4.56	6.84	11.38	17.02	17.53
0.07	0.11	0.16	0.22	0.37	0.54	0.81	0.88
4.25	5.13	6.85	8.58	12.91	21.57	33.03	34.49
1.3	1.3	1.3	2.4	2.4	2.4	2.4	2.4
2.7	3.5	5.0	7.4	7.9	9.9	11.8	15.8
1041	1042	1043	1044	1045	1046	1047	1048

项　　目		单位	拖　拉　机		
			履带式	手扶式	
			功　率/kW		
			132	8.8	11
(一)	折　旧　费	元	19.00	0.40	0.81
	修理及替换设备费	元	20.71	1.59	2.12
	安装拆卸费	元	0.95	0.05	0.08
	小　计	元	40.66	2.04	3.01
(二)	人　工	工时	2.4	1.0	1.0
	汽　油	kg			
	柴　油	kg	17.7	1.4	1.7
	电	kW·h			
	风	m^3			
	水	m^3			
	煤	kg			
备注					
编号			1049	1050	1051

续表

铲运机					削坡机	自行式平地机			
拖式			自行式						
斗容/m^3						功率/kW			
2.75	6～8	9～12	6～8	9～12	0.5	44	66	118	135
4.35	7.13	11.88	19.79	22.96	178.13	10.36	30.23	38.54	53.87
5.61	8.76	14.17	29.69	34.44	71.25	13.54	33.73	41.15	46.03
0.57	0.80	1.26			10.69				
10.53	16.69	27.31	49.48	57.40	260.07	23.90	63.96	76.69	99.90
			2.4	2.4	2.7	2.4	2.4	2.4	2.4
			10.9	16.0	9.7	8.4	12.7	17.4	20.8
1052	1053	1054	1055	1056	1057	1058	1059	1060	1061

项目		单位	轮胎碾	振动碾				
				自行式			拖式	凸块
			重量/t					
			9～16	7.13	9.2	17.4	13～14	13～14
(一)	折旧费	元	13.51	49.57	63.10	80.13	17.23	74.35
	修理及替换设备费	元	15.76	18.48	23.52	34.35	7.10	33.46
	安装拆卸费	元						
	小计	元	29.27	68.05	86.62	114.48	24.33	107.81
(二)	人工	工时		2.7	2.7	2.7		2.7
	汽油	kg						
	柴油	kg		8.1	13.6	14.9	9.5	16.3
	电	kW·h						
	风	m^3						
	水	m^3						
	煤	kg						
备注								
编号			1062	1063	1064	1065	1066	1067

续表

羊脚碾			压路机			
			内燃			全液压
重量/t						
5～7	8～12	12～18	6～8	8～10	12～15	10～12
1.27	1.58	2.22	5.49	5.85	10.12	19.00
1.06	1.34	2.26	10.01	10.18	17.28	30.03
2.33	2.92	4.48	15.50	16.03	27.40	49.03
			2.4	2.4	2.4	2.4
			3.2	4.5	6.5	6.5
1068	1069	1070	1071	1072	1073	1074

项目		单位	振动压路机	刨毛机	蛙式夯实机	风钻	
			手扶式				
			重量/t		功率/kW		
			1以内		2.8	手持式	气腿式
(一)	折旧费	元	3.92	8.36	0.17	0.54	0.82
	修理及替换设备费	元	6.59	10.87	1.01	1.89	2.46
	安装拆卸费	元		0.39			
	小计	元	10.51	19.62	1.18	2.43	3.28
(二)	人工	工时	1.3	2.4	2.0		
	汽油	kg					
	柴油	kg	0.7	7.4			
	电	kW·h			2.5		
	风	m^3				180.1	248.4
	水	m^3				0.3	0.4
	煤	kg					
备注							
编号			1075	1076	1077	1078	1079

续表

风镐（铲）	潜孔钻						
	型号						
手持式	80 型	100 型	150 型	200 型	QZJ—100B	CM—200	CM—351
0.48	15.11	16.84	31.33	47.50	6.56	28.50	57.86
1.68	22.67	25.26	47.00	71.25	10.10	51.29	104.14
	0.46	0.57	1.05	1.60	0.22	0.96	1.95
2.16	38.24	42.67	79.38	120.35	16.88	80.75	163.95
	1.3	1.3	1.3	1.3	1.3	1.3	1.3
	25.7	28.0	29.7	31.1			
74.5	372.6	403.7	683.1	720.4	558.9	1055.7	1117.8
1080	1081	1082	1083	1084	1085	1086	1087

项　　目		单位	液压履带钻机				电钻
			孔　径/mm				功率/kW
			64～102	64～127	102～165	105～180	1.5
(一)	折　旧　费	元	95.00	109.25	180.50	220.16	0.38
	修理及替换设备费	元	50.14	57.66	95.26	116.20	0.57
	安装拆卸费	元	1.17	1.42	2.23	2.71	
	小　计	元	146.31	168.33	277.99	339.07	0.95
(二)	人　工	工时	2.4	2.4	2.4	2.4	
	汽　油	kg					
	柴　油	kg	5.5	6.1	7.7	9.2	
	电	kW·h					1.3
	风	m^3	155.3	279.5	322.9	372.6	
	水	m^3					
	煤	kg					
备注							
编号			1088	1089	1090	1091	1092

续表

凿岩台车					爬罐	液压平台车	装岩机
							抓斗式
风动		液压			电动		斗容/m³
三臂	四臂	二臂	三臂	四臂	STH—5E		0.4
158.33	180.95	203.57	337.25	361.90	138.18	23.26	17.70
87.71	105.55	112.78	186.84	211.00	108.09	20.54	18.58
2.06	2.70	2.90	4.38	5.18	2.25		1.15
248.10	289.20	319.25	528.47	578.08	248.52	43.80	37.43
7.3	8.6	6.3	7.3	8.6	5.7	2.7	2.4
7.2	9.6	3.2	7.2	9.6		16.0	
5.1	5.1	77.8	111.7	145.3	6.7		
2297.7	3042.9				298.1		1055.7
5.1	6.8	3.5	5.1	6.8	3.2		
1093	1094	1095	1096	1097	1098	1099	1100

项目		单位	装岩机					
			耙斗式	风动		电动		
			斗容/m³					
			0.6	0.12	0.26	0.2	0.6	0.75
(一)	折旧费	元	6.84	2.14	3.61	4.13	7.06	11.60
	修理及替换设备费	元	9.58	4.29	5.42	6.13	9.88	15.66
	安装拆卸费	元	0.44	0.16	0.27	0.24	0.39	0.61
	小计	元	16.86	6.59	9.30	10.50	17.33	27.87
(二)	人工	工时	2.4	1.3	2.4	2.4	2.4	2.4
	汽油	kg						
	柴油	kg						
	电	kW·h	21.7			14.0	24.7	33.4
	风	m³		218.0	714.2			
	水	m³						
	煤	kg						
备注								
编号			1101	1102	1103	1104	1105	1106

续表

扒渣机				锚杆台车	水枪	缺口耙
立爪式			蟹爪式			
生产率/(m^3/h)			功率/kW			
100	120	150	55	435H	陕西20型	
39.00	42.67	46.33	43.64	261.25	0.63	0.58
15.92	17.42	18.92	30.55	129.06	1.52	1.71
0.49	0.53	0.58	4.22	2.61		
55.41	60.62	65.83	78.41	392.92	2.15	2.29
2.4	2.4	2.4	2.4	5.0	1.0	
				3.0		
18.1	22.0	30.8	39.8	80.0		
LZ—100	LZ—120c	LBZ—150				
1107	1108	1109	1110	1111	1112	1113

项目		单位	单齿松土器	犁		吊斗（桶）斗容/m³	
				三铧	五铧	0.2～0.6	2.0
（一）	折旧费	元	4.75	0.51	0.68	0.41	0.88
	修理及替换设备费	元	13.30	1.36	1.79	0.81	1.32
	安装拆卸费	元					
	小计	元	18.05	1.87	2.47	1.22	2.20
（二）	人工	工时					
	汽油	kg					
	柴油	kg					
	电	kW·h					
	风	m³					
	水	m³					
	煤	kg					
备注							
编号			1114	1115	1116	1117	1118

续表

水力冲挖机组				液压喷播植草机			
高压水泵	水枪	泥浆泵	排泥管	JDZ—1.6V	JDZ—2.6V	JDZ—4.0V	JDZ—5.5V
15kW	ϕ65mm	15kW	ϕ100mm 长 100m	1600L	2600L	4000L	5500L
0.79	1.02	1.05	0.81	1.52	2.05	2.78	3.47
1.98	2.04	2.10	0.16	1.31	1.76	2.39	2.98
0.40		0.53		0.06	0.08	0.11	0.14
3.17	3.06	3.68	0.97	2.89	3.89	5.28	6.59
0.7	2.0	0.7		2.4	2.4	2.4	2.4
				4.6	5.1	5.8	6.9
14.0		12.0					
1119	1120	1121	1122	1123	1124	1125	1126

二、混凝土机械

项目		单位	混凝土搅拌机			
			出　料/m³			
			0.25	0.4	0.8	1.0
(一)	折旧费	元	1.30	3.29	4.39	9.18
	修理及替换设备费	元	2.25	5.34	6.30	9.03
	安装拆卸费	元	0.45	1.07	1.35	2.25
	小计	元	4.00	9.70	12.04	20.46
(二)	人工	工时	1.3	1.3	1.3	1.3
	汽油	kg				
	柴油	kg				
	电	kW·h	4.3	8.6	18	24.7
	风	m³				
	水	m³				
	煤	kg				
备注						
编号			2001	2002	2003	2004

续表

强制式混凝土搅拌机					混凝土搅拌站	
出　料/m³					整体移动式	强制式
0.25	0.35	0.5	0.75	1.0	HZ—25	60m³/h
2.85	3.99	6.08	9.50	12.35	25.38	245.44
4.43	6.18	9.18	14.13	16.67	19.74	96.18
1.12	1.55	2.29	3.48	4.38		
8.40	11.72	17.55	27.11	33.40	45.12	341.62
1.3	1.3	1.3	1.3	1.3	5.0	5.0
10.1	20.8	37.9	42.5	52.0	48.2	86.8
					※	※
2005	2006	2007	2008	2009	2010	2011

项目		单位	混凝土搅拌车				
			轮胎式			轨道式	
			混凝土容积/m³				
			3.0	6.0	8.0	3.0	6.0
(一)	折旧费	元	27.64	60.45	63.64	7.47	12.27
	修理及替换设备费	元	53.03	116.00	122.12	6.67	10.96
	安装拆卸费	元	3.18	6.95	7.32	0.90	1.47
	小计	元	83.85	183.40	193.08	15.04	24.70
(二)	人工	工时	1.3	1.3	1.3	1.3	1.3
	汽油	kg					
	柴油	kg	10.1	12.2	14.8	2.5	3.4
	电	kW·h					
	风	m³					
	水	m³					
	煤	kg					
备注							
编号			2012	2013	2014	2015	2016

续表

混凝土输送泵			混凝土泵车		真　空　泵		
输出量/(m³/h)			排出量/(m³/h)		功　率/kW		
30	50	60	47	80	4.5	7.0	22
30.48	38.61	42.67	171.00	211.11	0.95	1.51	2.79
20.63	26.13	28.88	56.43	63.33	2.29	3.09	5.00
2.10	2.66	2.94	5.34	5.81	0.15	0.24	0.47
53.21	67.40	74.49	232.77	280.25	3.39	4.84	8.26
2.4	2.4	2.4	3.4	3.4	1.3	1.3	1.3
			9.0	13.0			
26.7	42.2	50.0			3.4	5.3	16.6
2017	2018	2019	2020	2021	2022	2023	2024

项目		单位	喷混凝土三联机	水泥枪	混凝土喷射机	
			油动	生产率/(m^3/h)		
			40kW	1.2	4～5	6～10
(一)	折旧费	元	221.67	0.86	2.79	3.06
	修理及替换设备费	元	63.18	2.39	2.34	2.71
	安装拆卸费	元	5.54	0.16	0.18	0.21
	小计	元	290.34	3.41	5.31	5.98
(二)	人工	工时	3.4	1.3	2.4	2.4
	汽油	kg				
	柴油	kg	7.0			
	电	kW·h		1.0	2.7	7.7
	风	m^3	438.4	167.1	526.6	745.2
	水	m^3				
	煤	kg				
备注						
编号			2025	2026	2027	2028

续表

喷浆机	振动器				
	插入式				平板式
	功率/kW				
75L	1.1	1.5	2.2	4.0	2.2
2.28	0.32	0.51	0.54	0.60	0.43
7.30	1.22	1.80	1.86	1.98	1.24
0.34					
9.92	1.54	2.31	2.40	2.58	1.67
1.3					
2.0	0.8	1.1	1.7	3.0	1.7
111.8					
2029	2030	2031	2032	2033	2034

项目		单位	变频机组	四联振捣器	混凝土平仓振捣机	混凝土平仓机（挖掘臂式）	混凝土振动碾
			容量/kVA				
			8.5	EX—60	40kW	油动 74kW	YZSIA
（一）	折旧费	元	3.48	25.94	68.97	39.58	4.02
	修理及替换设备费	元	7.96	38.18	48.00	56.20	3.20
	安装拆卸费	元		1.50		2.20	
	小计	元	11.44	65.62	116.97	97.98	7.22
（二）	人工	工时		2.1	1.3	1.3	1.3
	汽油	kg					
	柴油	kg		4.8	7.6	9.8	1.3
	电	kW·h	6.4				
	风	m^3					
	水	m^3					
	煤	kg					
备注							
编号			2035	2036	2037	2038	2039

续表

混凝土振动碾			摊铺机	压力水冲洗机	高压冲毛机	五刷头刷毛机	切缝机
BW—75	BW—200	BW—202AD	TX150	PS—6.3	GCHJ50	PU—100	EX—100
7.76	66.50	93.10	6.11	0.59	6.89	43.76	35.27
4.05	34.71	48.41	2.25	0.89	10.33	32.71	23.93
			0.67	0.12	1.03	2.68	1.64
11.81	101.21	141.51	9.03	1.60	18.25	79.15	60.84
1.3	1.3	1.3	1.3	1.3	1.3	1.3	1.3
1.8	7.0	9.4	3.0			13.5	9.1
				8.3	25.0		
2040	2041	2042	2043	2044	2045	2046	2047

项目		单位	混凝土罐		风（砂）水枪	水泥拆包机	喂料小车
			容积/m^3		耗风量/(m^3/min)		
			1.0	2.0	6.0		
(一)	折旧费	元	0.61	1.05	0.24	14.88	4.56
	修理及替换设备费	元	1.92	2.17	0.42	23.97	4.10
	安装拆卸费	元					1.37
	小计	元	2.53	3.22	0.66	38.85	10.03
(二)	人工	工时				2.4	
	汽油	kg					
	柴油	kg					
	电	kW·h				8.6	
	风	m^3			202.5		
	水	m^3			4.1		
	煤	kg					
备注							
编号			2048	2049	2050	2051	2052

续表

螺旋空气输送机	水泥真空卸料机	双仓泵	钢模台车		
生产率/(t/h)			衬砌后断面面积/m²		
65	20～30	60	10	20	40
3.20	5.48	4.15	62.95	95.72	148.92
3.12	5.72	7.18	13.22	21.10	31.27
0.45	0.75	1.12			
6.77	11.95	12.45	76.17	116.82	180.19
1.3	3.4	1.3	7.0	7.0	7.0
68.7	42.4	103.0	6.3	7.9	10.0
1620.2		1456.0			
2053	2054	2055	2056	2057	2058

项目		单位	钢模台车			
			衬砌后断面面积/m^2			
			70	110	150	200
(一)	折旧费	元	216.65	297.16	371.79	460.06
	修理及替换设备费	元	45.50	62.40	78.08	96.61
	安装拆卸费	元				
	小计	元	262.15	359.56	449.87	556.67
(二)	人工	工时	7.0	7.0	7.0	7.0
	汽油	kg				
	柴油	kg				
	电	kW·h	12.0	14.1	15.8	17.5
	风	m^3				
	水	m^3				
	煤	kg				
备注			含动力设备※			
编号			2059	2060	2061	2062

续表

滑模台车			
溢流面		混凝土面板	
分缝宽度/m			
8.0	12	8.0	12
83.78	125.67	54.21	81.32
12.57	18.95	16.26	24.39
96.35	144.62	70.47	105.71
2.5	2.5	2.5	2.5
16.0	19.0	15.0	17.0
含动力设备※			
2063	2064	2065	2066

三、运 输 机 械

项目		单位	载重汽车				
			载重量/t				
			2.0	2.5	4.0	5.0	6.5
(一)	折旧费	元	4.85	5.12	7.04	7.77	10.97
	修理及替换设备费	元	6.77	7.15	9.84	10.86	12.01
	安装拆卸费	元					
	小计	元	11.62	12.27	16.88	18.63	22.98
(二)	人工	工时	1.3	1.3	1.3	1.3	1.3
	汽油	kg	4.2	4.2	7.2	7.2	
	柴油	kg					7.2
	电	kW·h					
	风	m^3					
	水	m^3					
	煤	kg					
备注							
编号			3001	3002	3003	3004	3005

续表

载重汽车					自卸汽车		
载重量/t							
8	10	12	15	18	3.5	5.0	8.0
16.72	20.95	24.00	31.10	38.48	7.91	10.73	22.59
17.50	20.82	23.86	30.92	38.25	3.95	5.37	13.55
34.22	41.77	47.86	62.02	76.73	11.86	16.10	36.14
1.3	1.3	1.3	1.3	1.3	1.3	1.3	1.3
					7.7		
8.0	8.9	8.9	10.9	12.1		9.1	10.2
3006	3007	3008	3009	3010	3011	3012	3013

项目		单位	自卸汽车				
			载重量/t				
			10	12	15	18	20
（一）	折旧费	元	30.49	34.13	42.67	48.00	50.53
	修理及替换设备费	元	18.30	23.89	29.87	31.20	32.84
	安装拆卸费	元					
	小计	元	48.79	58.02	72.54	79.20	83.37
（二）	人工	工时	1.3	1.3	1.3	1.3	1.3
	汽油	kg					
	柴油	kg	10.8	12.4	13.1	14.9	16.2
	电	kW·h					
	风	m^3					
	水	m^3					
	煤	kg					
备注							
编号			3014	3015	3016	3017	3018

续表

平板挂车						
载重量/t						
10	20	30	40	60	80	100
5.50	7.93	11.94	19.20	29.60	48.00	58.89
4.75	6.85	7.93	13.31	20.52	31.62	38.79
10.25	14.78	19.87	32.51	50.12	79.62	97.68
3019	3020	3021	3022	3023	3024	3025

项目		单位	汽车拖车头						
			牵引量/t						
			10	20	30	40	60	80	100
(一)	折旧费	元	10.91	21.38	30.55	40.32	82.92	106.02	125.22
	修理及替换设备费	元	11.44	14.11	19.15	24.35	52.35	60.49	71.44
	安装拆卸费	元							
	小计	元	22.35	35.49	49.70	64.67	135.27	166.51	196.66
(二)	人工	工时	1.3	1.3	2.7	2.7	2.7	2.7	2.7
	汽油	kg	7.1						
	柴油	kg		8.3	10.2	10.9	14.8	17.0	18.2
	电	kW·h							
	风	m^3							
	水	m^3							
	煤	kg							
备注									
编号			3026	3027	3028	3029	3030	3031	3032

续表

汽 车 挂 车				洒 水 车	
载 重 量/t				容 量/m^3	
1.5	3.0	5.0	8.0	2.5	4.0
0.67	0.96	1.71	2.45	6.44	11.29
1.34	1.77	3.24	3.79	7.66	12.48
2.01	2.73	4.95	6.24	14.10	23.77
				1.3	1.3
				5.0	6.8
3033	3034	3035	3036	3037	3038

项目		单位	洒水车		加油车	油罐汽车	
			容量/m^3				
			4.8	8.0	8.0	4.0	4.8
(一)	折旧费	元	11.86	15.89	28.80	12.00	13.44
	修理及替换设备费	元	14.11	21.93	31.26	9.37	10.50
	安装拆卸费	元					
	小计	元	25.97	37.82	60.06	21.37	23.94
(二)	人工	工时	1.3	1.3	1.3	1.3	1.3
	汽油	kg	8.0			6.8	7.2
	柴油	kg		8.8	9.6		
	电	kW·h					
	风	m^3					
	水	m^3					
	煤	kg					
备注							
编号			3039	3040	3041	3042	3043

续表

油罐汽车				沥青洒布车	散装水泥车		
容量/m³					载重量/t		
7.0	8.0	10	15～18	3.5	3.5	7.0	10.0
17.76	20.95	26.18	56.35	13.44	11.12	14.35	23.56
13.87	19.89	23.68	63.94	15.53	9.81	14.33	22.98
31.63	40.84	49.86	120.29	28.97	20.93	28.68	46.54
1.3	1.3	1.3	2.4	1.3	1.3	1.3	1.3
				6.1	5.9		
9.0	10.0	11.0	16.9			8.0	10.1
3044	3045	3046	3047	3048	3049	3050	3051

项目		单位	散装水泥车			工程修理车	高空作业车
			载重量/t				液压
			13	18	20	解放型	YZ12—A
(一)	折旧费	元	36.65	44.87	76.80	18.46	22.02
	修理及替换设备费	元	35.84	42.77	85.61	41.48	32.26
	安装拆卸费	元					
	小计	元	72.49	87.64	162.41	59.94	54.38
(二)	人工	工时	1.3	1.3	1.3	1.3	1.3
	汽油	kg				4.0	
	柴油	kg	10.9	16.0	16.2		9.0
	电	kW·h					
	风	m^3		49.7	55.9		
	水	m^3					
	煤	kg					
备注							
编号			3052	3053	3054	3055	3056

续表

客货两用车	三轮卡车	胶轮车	机动翻斗车	电瓶搬运车
			载重量/t	
130型			1.0	
7.47	0.79	0.26	1.22	0.96
8.51	1.28	0.64	1.22	0.98
15.98	2.07	0.90	2.44	1.94
1.3	1.3		1.3	1.3
4.0	2.0			
			1.5	
				4.0
3057	3058	3059	3060	3061

项目		单位	矿车	V型斗车		油罐车
			窄轨			准轨
			容量/m^3			载重量/t
			3.5	0.6	1.0	50
(一)	折旧费	元	1.61	0.43	0.68	10.31
	修理及替换设备费	元	0.56	0.11	0.18	3.92
	安装拆卸费	元				
	小计	元	2.17	0.54	0.86	14.23
(二)	人工	工时				
	汽油	kg				
	柴油	kg				
	电	kW·h				
	风	m^3				
	水	m^3				
	煤	kg				
备注						
编号			3062	3063	3064	3065

续表

螺旋输送机							
螺旋（直径×长度)/(mm×m)							
168×5	200×15	200×30	200×40	250×15	250×30	250×40	300×15
0.43	1.08	3.07	3.45	1.58	3.48	4.24	1.65
0.65	2.65	5.36	5.54	3.97	6.55	7.52	4.11
0.03	0.10	0.21	0.22	0.15	0.26	0.30	0.16
1.11	3.83	8.64	9.21	5.70	10.29	12.06	5.92
0.7	0.7	0.7	0.7	0.7	0.7	0.7	0.7
1.1	2.1	3.9	7.0	2.1	5.3	7.0	7.0
3066	3067	3068	3069	3070	3071	3072	3073

项目		单位	螺旋输送机			
			螺旋（直径×长度）/(mm×m)			
			300×30	300×40	400×15	400×30
（一）	折旧费	元	3.86	4.62	1.84	4.12
	修理及替换设备费	元	7.29	8.21	4.61	9.42
	安装拆卸费	元	0.31	0.41	0.19	0.42
	小计	元	11.46	13.24	6.64	13.96
（二）	人工	工时	0.7	0.7	0.7	0.7
	汽油	kg				
	柴油	kg				
	电	kW·h	9.1	11.9	7.0	11.9
	风	m^3				
	水	m^3				
	煤	kg				
备注						
编号			3074	3075	3076	3077

续表

螺旋输送机						
螺旋（直径×长度）/(mm×m)						
400×40	500×15	500×30	500×40	600×15	600×30	600×40
4.91	2.03	4.62	5.19	2.34	4.81	5.64
10.75	4.88	10.16	11.03	5.35	10.23	11.63
0.49	0.21	0.47	0.52	0.23	0.48	0.53
16.15	7.12	15.25	16.74	7.92	15.52	17.80
0.7	0.7	0.7	0.7	0.7	0.7	0.7
18.2	9.1	15.4	21.0	11.9	17.9	25.9
3078	3079	3080	3081	3082	3083	3084

项目		单位	斗式提升机					
			型号（斗宽×提升高度）/(mm×m)					
			D160×11.4	D250×21.6	D250×30	D350×21.7	D450×23.7	HL300×27.6
（一）	折旧费	元	1.15	1.80	2.10	2.59	3.28	2.39
	修理及替换设备费	元	2.60	3.22	3.59	4.46	4.83	4.58
	安装拆卸费	元	0.39	0.57	0.65	0.80	0.92	0.79
	小计	元	4.14	5.59	6.34	7.85	9.03	7.76
（二）	人工	工时	1.3	1.3	1.3	1.3	1.3	1.3
	汽油	kg						
	柴油	kg						
	电	kW·h	1.7	4.3	6.0	8.0	8.3	8.3
	风	m^3						
	水	m^3						
	煤	kg						
备注								
编号			3085	3086	3087	3088	3089	3090

续表

胶带输送机					
移动式				固定式	
带宽×带长/(mm×m)					
500×10	500×15	500×20	500×30	500×50	500×75
1.87	2.31	2.67	2.91	3.14	4.53
2.22	2.72	3.15	3.52	4.67	6.96
0.23	0.28	0.32	0.35	0.48	0.71
4.32	5.31	6.14	6.78	8.29	12.20
0.7	0.7	0.7	0.7	1.0	1.0
3.1	3.5	4.3	4.8	5.5	12.8
3091	3092	3093	3094	3095	3096

项目		单位	胶带输送机				
			固定式				
			带宽×带长/(mm×m)				
			650×30	650×50	650×75	650×100	650×125
(一)	折旧费	元	3.08	5.04	7.14	9.18	11.08
	修理及替换设备费	元	3.62	5.94	8.69	11.18	13.49
	安装拆卸费	元	0.37	0.61	0.89	1.15	1.39
	小计	元	7.07	11.59	16.72	21.51	25.96
(二)	人工	工时	0.7	1.0	1.0	1.3	1.3
	汽油	kg					
	柴油	kg					
	电	kW·h	10.9	14.0	21.0	27.0	30.0
	风	m^3					
	水	m^3					
	煤	kg					
备注							
编号			3097	3098	3099	3100	3101

续表

胶带输送机							
固定式							
带宽×带长/(mm×m)							
800×30	800×50	800×75	800×100	800×125	800×150	800×200	800×250
5.85	7.57	8.23	11.23	13.39	16.01	22.86	25.80
6.88	8.91	10.02	15.33	18.29	21.87	29.68	35.26
0.70	0.91	1.03	1.65	1.97	2.34	3.05	3.96
13.43	17.39	19.28	28.21	33.65	40.22	55.59	65.02
0.7	1.0	1.0	1.3	1.3	1.3	1.3	1.3
12.0	22.5	27.0	32.0	33.2	37.1	51.1	70.1
3102	3103	3104	3105	3106	3107	3108	3109

项目		单位	胶带输送机				
			固定式				
			带宽×带长/(mm×m)				
			800×300	1000×50	1000×75	1000×100	1000×125
(一)	折旧费	元	29.39	9.01	10.45	13.18	14.84
	修理及替换设备费	元	40.17	10.59	12.72	17.11	20.29
	安装拆卸费	元	4.31	1.09	1.31	1.76	2.18
	小计	元	73.87	20.69	24.48	32.05	37.31
(二)	人工	工时	1.3	1.0	1.0	1.3	1.3
	汽油	kg					
	柴油	kg					
	电	kW·h	93.1	26.3	28.1	35.0	36.9
	风	m^3					
	水	m^3					
	煤	kg					
备注							
编号			3110	3111	3112	3113	3114

续表

胶带输送机							
固定式							
带宽×带长/(mm×m)							
1000×150	1000×200	1000×250	1000×300	1200×50	1200×75	1200×100	1200×125
17.52	24.64	29.39	36.22	10.09	13.94	16.01	19.27
23.94	31.99	40.17	47.02	11.88	16.96	20.78	25.01
2.57	3.29	4.31	4.83	1.22	1.74	2.13	2.57
44.03	59.92	73.87	88.07	23.19	32.64	38.92	46.85
1.3	1.3	1.3	1.3	1.0	1.0	1.3	1.3
50.9	70.0	92.9	102.7	29.2	49.0	50.9	69.1
3115	3116	3117	3118	3119	3120	3121	3122

<table>
<tr><td colspan="2" rowspan="4">项　目</td><td rowspan="4">单位</td><td colspan="4">胶带输送机</td></tr>
<tr><td colspan="4">固定式</td></tr>
<tr><td colspan="4">带宽×带长/(mm×m)</td></tr>
<tr><td>1200×150</td><td>1200×200</td><td>1200×250</td><td>1200×300</td></tr>
<tr><td rowspan="4">(一)</td><td>折旧费</td><td>元</td><td>26.62</td><td>30.37</td><td>35.92</td><td>42.75</td></tr>
<tr><td>修理及替换设备费</td><td>元</td><td>34.57</td><td>41.50</td><td>46.64</td><td>55.50</td></tr>
<tr><td>安装拆卸费</td><td>元</td><td>3.55</td><td>4.46</td><td>4.79</td><td>5.70</td></tr>
<tr><td>小计</td><td>元</td><td>64.74</td><td>76.33</td><td>87.35</td><td>103.95</td></tr>
<tr><td rowspan="7">(二)</td><td>人工</td><td>工时</td><td>1.3</td><td>1.3</td><td>1.3</td><td>1.3</td></tr>
<tr><td>汽油</td><td>kg</td><td></td><td></td><td></td><td></td></tr>
<tr><td>柴油</td><td>kg</td><td></td><td></td><td></td><td></td></tr>
<tr><td>电</td><td>kW·h</td><td>72.4</td><td>106.0</td><td>119.1</td><td>142.4</td></tr>
<tr><td>风</td><td>m^3</td><td></td><td></td><td></td><td></td></tr>
<tr><td>水</td><td>m^3</td><td></td><td></td><td></td><td></td></tr>
<tr><td>煤</td><td>kg</td><td></td><td></td><td></td><td></td></tr>
<tr><td colspan="3">备注</td><td></td><td></td><td></td><td></td></tr>
<tr><td colspan="3">编号</td><td>3123</td><td>3124</td><td>3125</td><td>3126</td></tr>
</table>

续表

胶带输送机						
固定式						
带宽×带长/(mm×m)						
1400×50	1400×75	1400×100	1400×150	1400×200	1400×250	1400×300
11.53	16.37	18.94	28.17	36.00	45.40	51.06
13.56	19.93	24.59	36.58	49.20	58.94	69.78
1.40	2.05	2.53	3.76	5.28	6.05	7.49
26.49	38.35	46.06	68.51	90.48	110.39	128.33
1.0	1.0	1.3	1.3	1.3	1.3	1.3
36.9	50.9	69.1	106.0	119.1	142.4	169.0
3127	3128	3129	3130	3131	3132	3133

四、起 重 机 械

项目		单位	塔式起重机				
			起重量/t				
			2.0	6.0	8.0	10	15
(一)	折旧费	元	8.94	24.94	36.66	41.37	52.25
	修理及替换设备费	元	3.12	9.17	12.81	16.89	19.81
	安装拆卸费	元	0.75	2.29	3.06	3.10	3.77
	小计	元	12.81	36.40	52.53	61.36	75.83
(二)	人工	工时	2.4	2.4	2.7	2.7	2.7
	汽油	kg					
	柴油	kg					
	电	kW·h	11.3	21.1	27.2	36.7	45.4
	风	m^3					
	水	m^3					
	煤	kg					
备注							
编号			4001	4002	4003	4004	4005

续表

履带起重机						
油动						
起重量/t						
5.0	8.0	10	15	20	25	30
16.23	20.86	31.79	37.88	45.92	48.69	69.83
9.55	11.53	18.69	22.29	22.90	23.25	32.99
0.60	0.66	1.18	1.41	1.46	1.55	2.21
26.38	33.05	51.66	61.58	70.28	73.49	105.03
2.4	2.4	2.4	2.4	2.4	2.4	2.4
7.7	7.9	8.3	11.9	12.4	14.9	15.0
4006	4007	4008	4009	4010	4011	4012

项目		单位	履带起重机					
			油动				电动	
			起重量/t					
			40	50	90	100	50	63.4
(一)	折旧费	元	87.78	107.59	320.62	472.26	95.00	108.10
	修理及替换设备费	元	41.47	42.90	75.21	110.98	41.30	44.65
	安装拆卸费	元	2.33	2.85	2.90	2.93	1.34	1.38
	小计	元	131.58	153.34	398.73	586.17	137.64	154.13
(二)	人工	工时	2.4	2.4	2.4	2.4	2.4	2.4
	汽油	kg						
	柴油	kg	16.0	18.6	21.0	22.2		
	电	kW·h					78.3	100.9
	风	m^3						
	水	m^3						
	煤	kg						
备注								
编号			4013	4014	4015	4016	4017	4018

续表

汽车起重机						
起重量/t						
5.0	6.3	8.0	10	16	20	25
12.92	17.86	20.90	25.08	37.62	46.14	74.64
12.42	13.13	14.66	17.45	26.17	28.94	40.31
25.34	30.99	35.56	42.53	63.79	75.08	114.95
2.7	2.7	2.7	2.7	2.7	2.7	2.7
5.8						
	5.8	7.7	7.7	11.1	11.6	12.4
4019	4020	4021	4022	4023	4024	4025

项目		单位	汽车起重机				
			起重量/t				
			30	40	50	70	90
(一)	折旧费	元	84.82	166.25	220.54	339.28	407.14
	修理及替换设备费	元	45.80	89.78	113.13	174.06	208.89
	安装拆卸费	元					
	小计	元	130.62	256.03	333.67	513.34	616.03
(二)	人工	工时	2.7	2.7	2.7	2.7	2.7
	汽油	kg					
	柴油	kg	14.7	16.9	18.9	21.0	21.0
	电	kW·h					
	风	m^3					
	水	m^3					
	煤	kg					
备注							
编号			4026	4027	4028	4029	4030

续表

汽车起重机				轮胎起重机			
起重量/t							
100	110	130	200	8.0	10	15	16
475.00	502.14	542.85	814.29	19.20	21.23	22.13	29.39
243.68	257.60	278.48	417.73	10.75	11.89	12.39	15.64
718.68	759.74	821.33	1232.02	29.95	33.12	34.52	45.03
2.7	2.7	2.7	2.7	2.4	2.4	2.4	2.4
21.0	22.0	22.0	25.1	5.9	5.9	7.0	7.3
4031	4032	4033	4034	4035	4036	4037	4038

项目		单位	轮胎起重机				
			起重量/t				
			20	25	35	40	100～125
(一)	折旧费	元	34.73	51.36	68.28	83.13	317.66
	修理及替换设备费	元	18.26	27.00	37.78	43.70	171.53
	安装拆卸费	元					
	小计	元	52.99	78.36	106.06	126.83	489.19
(二)	人工	工时	2.4	2.4	2.4	2.4	2.7
	汽油	kg					
	柴油	kg	7.4	9.6	11.0	11.4	21.0
	电	kW·h					
	风	m^3					
	水	m^3					
	煤	kg					
备注							
编号			4039	4040	4041	4042	4043

续表

桅杆式起重机					链式起重机		
					手动		
起重量/t							
5.0	10	15	25	40	1.0	2.0	3.0
7.92	9.82	12.98	13.62	16.15	0.07	0.13	0.15
5.39	6.68	8.84	9.27	10.99	0.04	0.05	0.06
2.84	4.16	5.26	5.51	6.54			
16.15	20.66	27.08	28.40	33.68	0.11	0.18	0.21
2.4	2.4	2.4	2.4	2.4			
18.1	26.7	41.6	46.9	66.7			
4044	4045	4046	4047	4048	4049	4050	4051

项目		单位	链式起重机 手动	电动葫芦				
			起重量/t					
			5.0	0.5	1.0	2.0	3.0	5.0
(一)	折旧费	元	0.24	0.76	0.91	1.11	1.24	1.77
	修理及替换设备费	元	0.08	0.47	0.56	0.67	0.76	1.02
	安装拆卸费	元						
	小计	元	0.32	1.23	1.47	1.78	2.00	2.79
(二)	人工	工时						
	汽油	kg						
	柴油	kg						
	电	kW·h		1.0	2.0	3.0	4.0	5.0
	风	m^3						
	水	m^3						
	煤	kg						
备注								
编号			4052	4053	4054	4055	4056	4057

续表

千斤顶					张拉千斤顶	
起重量/t						
≤10	50	100	200	300	YKD—18	YCQ—100
0.05	0.12	0.42	0.54	0.86	0.28	1.08
0.02	0.06	0.12	0.18	0.29	0.08	0.31
0.07	0.18	0.54	0.72	1.15	0.36	1.39
4058	4059	4060	4061	4062	4063	4064

项目		单位	张拉千斤顶		卷扬机 单筒慢速 起重量/t		
			YCW—250	YCW—350	1.0	2.0	3.0
(一)	折旧费	元	1.52	1.81	0.43	1.21	1.75
	修理及替换设备费	元	0.43	0.51	0.17	0.47	0.68
	安装拆卸费	元			0.01	0.02	0.03
	小计	元	1.95	2.32	0.61	1.70	2.46
(二)	人工	工时			1.0	1.0	1.0
	汽油	kg					
	柴油	kg					
	电	kW·h			3.0	4.0	5.4
	风	m^3					
	水	m^3					
	煤	kg					
备注							
编号			4065	4066	4067	4068	4069

续表

卷扬机						
单筒慢速			单筒快速			
起重量/t						
5.0	8.0	10	1.0	2.0	3.0	5.0
2.97	5.99	19.64	0.69	1.70	3.74	6.23
1.16	2.34	7.66	0.27	0.66	1.46	2.43
0.05	0.09	0.30	0.01	0.03	0.06	0.10
4.18	8.42	27.60	0.97	2.39	5.26	8.76
1.3	1.3	1.3	1.0	1.0	1.0	1.3
7.9	15.9	17.1	5.4	7.9	10.1	21.6
4070	4071	4072	4073	4074	4075	4076

项目		单位	卷扬机					
			双筒慢速		双筒快速			
			起重量/t					
			3.0	5.0	10	1.0	2.0	3.0
(一)	折旧费	元	4.90	5.89	25.53	0.96	2.80	5.24
	修理及替换设备费	元	1.91	2.30	9.96	0.37	1.09	2.04
	安装拆卸费	元	0.08	0.09	0.39	0.01	0.04	0.08
	小计	元	6.89	8.28	35.88	1.34	3.93	7.36
(二)	人工	工时	1.3	1.3	1.3	1.0	1.0	1.0
	汽油	kg						
	柴油	kg						
	电	kW·h	8.6	10.1	17.1	5.8	11.7	17.1
	风	m^3						
	水	m^3						
	煤	kg						
备注								
编号			4077	4078	4079	4080	4081	4082

续表

卷扬机			卷扬台车	箕　斗		单层罐笼
双筒快速						
起重量/t				斗容/m^3		质量/t
5.0	8.0	10		0.6	1.0	1.1
7.17	14.05	29.83	44.53	1.32	1.70	20.36
2.80	5.48	11.63	45.87	0.36	0.46	18.32
0.11	0.22	0.46	3.56			
10.08	19.75	41.92	93.96	1.68	2.16	38.68
1.3	1.3	1.3	2.7			
28.8	42.8	46.1	100.0			
4083	4084	4085	4086	4087	4088	4089

项目		单位	绞车				
			单筒				
			卷筒直径×卷筒宽度/(m×m)				
			1.2×1.0 30kW	2.0×1.5 55kW	1.2×1.0 75kW	1.6×1.2 110kW	2.0×1.5 155kW
(一)	折旧费	元	7.03	11.28	14.51	20.05	39.19
	修理及替换设备费	元	2.74	4.40	5.66	7.82	15.28
	安装拆卸费	元	0.11	0.17	0.22	0.31	0.60
	小计	元	9.88	15.85	20.39	28.18	55.07
(二)	人工	工时	1.3	1.3	1.3	1.3	1.3
	汽油	kg					
	柴油	kg					
	电	kW·h	21.7	39.7	54.2	79.5	112.0
	风	m^3					
	水	m^3					
	煤	kg					
备注							
编号			4090	4091	4092	4093	4094

续表

绞车						
双筒						
卷筒直径×卷筒宽度/(m×m)						
1.2×1.0 30kW	2.0×1.5 30kW	1.2×1.0 55kW	1.2×1.0 75kW	1.6×1.2 110kW	1.6×1.2 155kW	2.0×1.5 155kW
8.31	11.28	14.84	20.35	22.56	26.13	42.75
3.24	4.40	5.79	7.94	8.80	10.19	16.67
0.13	0.17	0.23	0.31	0.35	0.40	0.86
11.68	15.85	20.86	28.60	31.71	36.72	60.28
1.3	1.3	1.3	1.3	1.3	1.3	1.3
21.7	21.7	39.7	54.2	79.5	112.0	112.0
4095	4096	4097	4098	4099	4100	4101

五、砂石料加工机械

项目		单位	颚式破碎机			
			进料口（宽度×长度）/(mm×mm)			
			60×100	150×250	200×350	250×400
(一)	折旧费	元	0.48	1.15	2.06	3.06
	修理及替换设备费	元	3.71	5.24	8.65	11.57
	安装拆卸费	元	0.14	0.25	0.44	0.64
	小计	元	4.33	6.64	11.15	15.27
(二)	人工	工时	1.3	1.3	1.3	1.3
	汽油	kg				
	柴油	kg				
	电	kW·h	0.6	3.1	5.0	12.3
	风	m^3				
	水	m^3				
	煤	kg				
备注						
编号			5001	5002	5003	5004

续表

颚式破碎机								
进料口（宽度×长度)/(mm×mm)								
250×1000	400×600	450×600	450×750	500×750	600×900	900×1200	1200×1500	1500×2100
9.68	6.88	7.92	10.69	11.48	28.68	76.48	145.47	263.51
24.49	18.18	20.50	27.14	29.04	71.80	133.79	254.49	460.98
1.55	1.09	1.26	1.70	1.84	4.55	8.74	16.63	30.12
35.72	26.15	29.68	39.53	42.36	105.03	219.01	416.59	754.61
1.3	1.3	1.3	1.3	1.3	1.3	1.3	1.3	1.3
28.0	21.2	22.7	37.8	41.6	60.5	83.2	136.1	189.0
5005	5006	5007	5008	5009	5010	5011	5012	5013

项目		单位	圆振动筛			
			筛面（宽×长）/(mm×mm)			
			1500×4800	1800×4800	2100×6000	2400×6000
（一）	折旧费	元	8.82	9.97	15.80	19.06
	修理及替换设备费	元	14.73	16.65	26.38	31.83
	安装拆卸费	元	0.21	0.24	0.38	0.46
	小计	元	23.76	26.86	42.56	51.35
（二）	人工	工时	1.3	1.3	1.3	1.3
	汽油	kg				
	柴油	kg				
	电	kW·h	10.5	11.7	15.9	21.7
	风	m^3				
	水	m^3				
	煤	kg				
备注						
编号			5014	5015	5016	5017

续表

自定中心振动筛								惯性振动筛
筛面（宽×长）/(mm×mm)								
900×1800	1250×2500	1250×3000	1250×4000	1500×3000	1500×4000	1800×3600	1250×2500	1500×3000
1.83	2.66	3.92	4.41	4.57	6.40	8.48	2.38	3.40
3.11	4.03	5.45	5.94	5.98	7.18	9.50	7.04	8.15
0.04	0.06	0.09	0.10	0.10	0.14	0.19	0.09	0.11
4.98	6.75	9.46	10.45	10.65	13.72	18.17	9.51	11.66
1.3	1.3	1.3	1.3	1.3	1.3	1.3	1.3	1.3
1.6	4.0	4.7	5.4	5.4	8.0	13.0	4.0	4.0
5018	5019	5020	5021	5022	5023	5024	5025	5026

项　　目		单位	重型振动筛				
			筛面（宽×长）/(mm×mm)				
			1500×3000	1750×3500	1800×3600	2100×6000	2400×6000
(一)	折旧费	元	4.08	5.61	10.54	22.01	23.96
	修理及替换设备费	元	7.47	9.81	18.44	38.51	41.93
	安装拆卸费	元	0.11	0.14	0.26	0.55	0.60
	小计	元	11.66	15.56	29.24	61.07	66.49
(二)	人工	工时	1.3	1.3	1.3	1.3	1.3
	汽油	kg					
	柴油	kg					
	电	kW·h	8.0	10.8	15.9	21.7	28.9
	风	m^3					
	水	m^3					
	煤	kg					
备注							
编号			5027	5028	5029	5030	5031

续表

共　振　筛					偏心半振动筛	直线振动筛	
筛面（宽×长)/(mm×mm)							
1000×2500	1200×3000	1250×3000	1500×3000	1500×4000	1250×3000	1200×4800	1500×4800
2.63	3.07	3.36	3.65	4.60	2.98	10.32	15.80
5.51	6.42	7.04	7.65	9.63	6.33	12.39	18.95
0.06	0.07	0.08	0.09	0.11	0.10	0.31	0.47
8.20	9.56	10.48	11.39	14.34	9.41	23.02	35.22
1.3	1.3	1.3	1.3	1.3	1.3	1.3	1.3
2.2	3.1	3.1	4.0	5.4	5.4	8.0	8.6
5032	5033	5034	5035	5036	5037	5038	5039

项目		单位	直线振动筛		
			筛面（宽×长）/(mm×mm)		
			1800×4800	2100×6000	2400×6000
(一)	折旧费	元	18.27	26.56	29.03
	修理及替换设备费	元	21.92	31.87	34.84
	安装拆卸费	元	0.55	0.80	0.87
	小计	元	40.74	59.23	64.74
(二)	人工	工时	1.3	1.3	1.3
	汽油	kg			
	柴油	kg			
	电	kW·h	10.8	15.9	17.1
	风	m^3			
	水	m^3			
	煤	kg			
备注					
编号			5040	5041	5042

续表

给料机						
圆盘式	重型槽式/(mm×mm)			叶轮式/mm	电磁式	重型板式/(mm×mm)
DB—1600	900×2100	1100×2700	1250×3200	ϕ400×400	45DA	1200×4500
2.87	4.66	7.86	10.52	1.32	2.34	4.02
5.80	7.09	11.95	15.98	2.06	3.47	7.55
0.21	0.25	0.42	0.56	0.09	0.15	0.31
8.88	12.00	20.23	27.06	3.47	5.96	11.88
1.3	1.3	1.3	1.3	1.3	1.3	1.3
2.9	5.4	8.0	10.8	2.2	2.2	5.4
5043	5044	5045	5046	5047	5048	5049

六、钻孔灌浆机械

项目		单位	地质钻孔				冲击钻机		
			100型	150型	300型	500型	CZ—20	CZ—22	CZ—30
(一)	折旧费	元	2.99	3.80	4.51	5.18	8.50	16.50	28.50
	修理及替换设备费	元	7.31	8.56	9.36	10.80	14.02	23.42	39.43
	安装拆卸费	元	1.83	2.37	2.76	3.64	3.69	6.19	10.59
	小计	元	12.13	14.73	16.63	19.62	26.21	46.11	78.52
(二)	人工	工时	2.8	2.9	2.9	2.9	2.9	2.9	2.9
	汽油	kg							
	柴油	kg							
	电	kW·h	6.7	10.7	15.0	18.3	17.8	19.6	35.6
	风	m^3							
	水	m^3							
	煤	kg							
备注									
编号			6001	6002	6003	6004	6005	6006	6007

续表

大口径岩芯钻	大口径工程钻	反循环钻机	反井钻机	冲击式反循环钻机	
ϕ1.2m	GJC—40H	SFZ—150	LM—200	CZF—1200	CZF—1500
42.60	95.00	22.35	96.43	26.63	36.10
68.59	154.95	41.55	158.15	42.59	57.76
16.20	34.54	8.99	49.28	10.65	14.44
127.39	284.49	72.89	303.86	79.87	108.30
3.9	3.4	2.9	5.3	3.8	3.8
	10.1				
92.5		68.2	69.3	21.7	32.5
			31.0		
6008	6009	6010	6011	6012	6013

项目		单位	液压铣槽机 BC—30	液压开槽机	自行射水成槽机	泥浆净化机 JHB—200	泥浆净化系统 BE—500
(一)	折旧费	元	2456.42	39.10	33.68	5.81	184.35
	修理及替换设备费	元	1473.86	54.74	45.80	4.64	82.96
	安装拆卸费	元		15.64	13.47	1.45	
	小计	元	3930.28	109.48	92.95	11.90	267.31
(二)	人工	工时	7.5	5.0	5.0	1.8	4.2
	汽油	kg					
	柴油	kg	108.0				
	电	kW·h		79.0	88.0	19.0	82.0
	风	m^3					
	水	m^3					
	煤	kg					
备注							
编号			6014	6015	6016	6017	6018

续表

灌浆自动记录仪	泥浆搅拌机	灰浆搅拌机	高速搅拌机	泥浆泵	灌浆泵		
					中低压		高压
			NJ—1500	HB80/10型 3PN	泥浆	砂浆	泥浆
6.65	3.21	0.83	3.56	0.45	2.38	2.76	4.43
3.99	6.51	2.28	8.91	1.16	6.95	7.76	11.94
0.67	0.58	0.20	0.71	0.23	0.57	0.64	0.96
11.31	10.30	3.31	13.18	1.84	9.90	11.16	17.33
2.1	1.3	1.3	1.3	1.3	2.4	2.4	2.4
0.1	12.9	6.3	12.5	2.9	13.2	10.1	17.9
6019	6020	6021	6022	6023	6024	6025	6026

<table>
<tr><td colspan="2" rowspan="3">项　目</td><td rowspan="3">单位</td><td>灰浆泵</td><td>高压水泵</td><td rowspan="2">搅灌机</td><td rowspan="3">旋定摆提升装置</td><td rowspan="3">高喷台车</td></tr>
<tr><td colspan="2">功率/kW</td></tr>
<tr><td>4.0</td><td>75</td><td>WJG—80</td></tr>
<tr><td rowspan="4">（一）</td><td>折　旧　费</td><td>元</td><td>1.78</td><td>3.57</td><td>3.33</td><td>2.14</td><td>6.00</td></tr>
<tr><td>修理及替换设备费</td><td>元</td><td>6.33</td><td>12.12</td><td>8.13</td><td>8.55</td><td>9.20</td></tr>
<tr><td>安 装 拆 卸 费</td><td>元</td><td>0.89</td><td>1.78</td><td>0.59</td><td>0.33</td><td>2.51</td></tr>
<tr><td>小　计</td><td>元</td><td>9.00</td><td>17.47</td><td>12.05</td><td>11.02</td><td>17.71</td></tr>
<tr><td rowspan="7">（二）</td><td>人　工</td><td>工时</td><td>1.3</td><td>1.3</td><td>3.7</td><td>2.7</td><td>1.3</td></tr>
<tr><td>汽　油</td><td>kg</td><td></td><td></td><td></td><td></td><td></td></tr>
<tr><td>柴　油</td><td>kg</td><td></td><td></td><td></td><td></td><td></td></tr>
<tr><td>电</td><td>kW·h</td><td>4.0</td><td>72.5</td><td>9.0</td><td>6.0</td><td>3.0</td></tr>
<tr><td>风</td><td>m^3</td><td></td><td></td><td></td><td></td><td></td></tr>
<tr><td>水</td><td>m^3</td><td></td><td></td><td></td><td></td><td></td></tr>
<tr><td>煤</td><td>kg</td><td></td><td></td><td></td><td></td><td></td></tr>
<tr><td colspan="3">备注</td><td></td><td></td><td></td><td></td><td></td></tr>
<tr><td colspan="3">编号</td><td>6027</td><td>6028</td><td>6029</td><td>6030</td><td>6031</td></tr>
</table>

续表

柴油打桩机				振冲器			锻钎机
锤头重量/t							
1～2	2～4	4～6	6～8	ZCQ—13	ZCQ—30	ZCQ—75	
3.01	15.83	19.98	30.23	8.08	9.98	19.00	2.38
7.10	33.59	43.81	76.62	8.22	9.48	10.21	5.60
2.22	11.25	14.19	25.82	0.75	0.87	1.58	0.26
12.33	60.67	77.98	132.67	17.05	20.33	30.79	8.24
3.9	3.9	3.9	3.9	1.3	1.3	1.3	1.3
3.0	4.0	5.0	6.0				
				10.1	21.7	45.9	
							144.0
下限<锤头重量≤上限							
6032	6033	6034	6035	6036	6037	6038	6039

七、动 力 机 械

项目		单位	工业锅炉						
			蒸发量/t						
			0.5	1.0	1.5	2.0	4.0	6.0	10.0
(一)	折旧费	元	4.28	6.58	7.42	8.88	11.23	13.84	17.76
	修理及替换设备费	元	2.78	3.88	4.60	5.50	7.29	8.99	13.10
	安装拆卸费	元	0.71	0.96	1.17	1.41	1.85	2.34	3.28
	小计	元	7.77	11.42	13.19	15.79	20.37	25.17	34.14
(二)	人工	工时	1.0	2.4	2.4	2.4	2.4	3.4	3.4
	汽油	kg							
	柴油	kg							
	电	kW·h							
	风	m^3							
	水	m^3	0.6	1.4	1.9	2.6	3.6	5.8	9.4
	煤	kg	84.1	201.1	252.8	377.4	484.5	773.2	1288.5
备注									
编号			7001	7002	7003	7004	7005	7006	7007

续表

空压机					
电动移动式				油动移动式	
排气量/(m^3/min)					
0.6	3.0	6.0	9.0	3.0	6.0
0.32	1.52	2.24	3.40	1.80	3.98
0.89	3.13	4.59	4.91	3.51	7.14
0.10	0.43	0.67	0.85	0.58	1.05
1.31	5.08	7.50	9.16	5.89	12.17
1.3	1.3	1.3	1.3	1.3	1.3
				4.9	12.0
4.2	15.1	30.2	45.4		
7008	7009	7010	7011	7012	7013

项目		单位	空压机				
			油动移动式			电动固定式	
			排气量/(m^3/min)				
			9.0	17	20	9.0	15
(一)	折旧费	元	5.53	11.89	19.08	2.93	4.09
	修理及替换设备费	元	8.83	18.38	25.65	3.80	4.79
	安装拆卸费	元	1.39	3.12	5.01	0.54	0.75
	小计	元	15.75	33.39	49.74	7.27	9.63
(二)	人工	工时	2.4	2.4	2.4	1.3	1.3
	汽油	kg					
	柴油	kg	17.1	24.9	38.9		
	电	kW·h				56.7	71.8
	风	m^3					
	水	m^3					
	煤	kg					
备注							
编号			7014	7015	7016	7017	7018

续表

空压机						汽油发电机	
电动固定式					油动固定式	移动式	固定式
排　气　量/(m³/min)						功率/kW	
20	40	60	93	103	12	15	55
5.92	11.13	13.11	18.06	20.04	4.70	3.98	3.62
6.82	13.62	14.13	19.46	21.59	7.66	11.43	5.28
1.01	2.33	2.54	3.50	3.88	1.10	1.32	0.84
13.75	27.08	29.78	41.02	45.51	13.46	16.73	9.74
1.8	1.8	2.7	2.7	2.7	2.4	1.3	1.8
						3.7	13.5
					18.9		
98.3	189.0	264.6	378.0	415.8			
7019	7020	7021	7022	7023	7024	7025	7026

项目		单位	柴油发电机			
			移动式			
			功率/kW			
			20	30	40	50
(一)	折旧费	元	1.44	2.05	2.25	2.59
	修理及替换设备费	元	3.08	4.36	5.33	5.53
	安装拆卸费	元	0.50	0.59	0.79	0.89
	小计	元	5.02	7.00	8.37	9.01
(二)	人工	工时	1.8	1.8	1.8	1.8
	汽油	kg				
	柴油	kg	4.9	7.4	9.8	11.5
	电	kW·h				
	风	m^3				
	水	m^3				
	煤	kg				
备注						
编号			7027	7028	7029	7030

续表

柴油发电机								柴油发电机组
移动式		固定式						
功率/kW								
60	85	160	200	250	400	440	480	1000
3.26	3.79	6.53	9.14	11.75	21.27	21.52	22.02	51.70
6.74	7.51	9.70	11.70	12.85	23.24	27.04	27.43	45.08
1.02	1.14	1.72	1.90	2.35	4.48	4.73	5.25	7.18
11.02	12.44	17.95	22.74	26.95	48.99	53.29	54.70	103.96
2.4	2.4	3.9	3.9	3.9	5.6	5.6	5.6	6.9
13.8	18.6	33.7	37.4	46.8	66.8	73.5	80.2	167.1
7031	7032	7033	7034	7035	7036	7037	7038	7039

八、其他机械

项目		单位	离心水泵					
			单级					
			功率/kW					
			5～10	11～17	22	30	55	75
(一)	折旧费	元	0.19	0.31	0.43	0.64	1.08	1.37
	修理及替换设备费	元	1.08	1.76	2.40	3.60	4.36	5.49
	安装拆卸费	元	0.32	0.51	0.70	1.05	1.24	1.56
	小计	元	1.59	2.58	3.53	5.29	6.68	8.42
(二)	人工	工时	1.3	1.3	1.3	1.3	1.3	1.3
	汽油	kg						
	柴油	kg						
	电	kW·h	9.1	15.5	20.1	27.4	50.2	68.5
	风	m^3						
	水	m^3						
	煤	kg						
备注								
编号			8001	8002	8003	8004	8005	8006

续表

离心水泵						
单级双吸				多级		
功率/kW						
20	55	100	135	7.0	14	40
1.07	1.41	2.05	3.08	0.36	0.53	2.53
4.37	7.75	11.16	12.91	1.30	1.85	7.83
1.23	2.20	2.94	3.41	0.41	0.59	2.63
6.67	11.36	16.15	19.40	2.07	2.97	12.99
1.3	1.3	1.3	1.3	1.3	1.3	1.3
19.3	53.2	96.7	130.5	7.0	14.0	40.0
8007	8008	8009	8010	8011	8012	8013

项目		单位	离心水泵			潜水泵
			多级			
			功率/kW			
			100	230	410	2.2
(一)	折旧费	元	4.58	5.88	6.92	0.40
	修理及替换设备费	元	10.54	13.18	13.48	1.99
	安装拆卸费	元	4.02	4.83	4.94	0.66
	小计	元	19.14	23.89	25.34	3.05
(二)	人工	工时	1.3	1.3	1.3	1.3
	汽油	kg				
	柴油	kg				
	电	kW·h	100.1	230.1	410.2	1.9
	风	m^3				
	水	m^3				
	煤	kg				
备注						
编号			8014	8015	8016	8017

续表

潜水泵		深井泵	电焊机				
功率/kW			直流/kW			交流/kVA	
7.0	34	14	9.6	20	30	25	50
0.62	1.80	1.28	0.45	0.94	1.03	0.33	0.54
2.87	5.07	2.37	0.30	0.60	0.68	0.30	0.51
1.02	2.20	1.01	0.08	0.17	0.19	0.09	0.16
4.51	9.07	4.66	0.83	1.71	1.90	0.72	1.21
1.3	1.3	1.30					
6.0	29.2	12.0	9.6	20.0	30.0	14.5	36.1
8018	8019	8020	8021	8022	8023	8024	8025

项　目		单位	钢筋弯曲机	钢筋切断机			钢筋调直机
			直径/mm	功率/kW			
			6～40	7.0	10	20	4～14
(一)	折旧费	元	0.53	0.75	0.89	1.18	1.60
	修理及替换设备费	元	1.45	1.13	1.32	1.71	2.69
	安装拆卸费	元	0.24	0.18	0.22	0.28	0.44
	小计	元	2.22	2.06	2.43	3.17	4.73
(二)	人工	工时	1.3	1.3	1.3	1.3	1.3
	汽油	kg					
	柴油	kg					
	电	kW·h	6.0	6.0	8.6	17.2	7.2
	风	m^3					
	水	m^3					
	煤	kg					
备注							
编号			8026	8027	8028	8029	8030

续表

圆盘锯	平面刨床	通风机	单级离心清水泵
		≤8m³/min	12.5m³/h 20m
0.4	0.6	1.12	0.06
1.17	0.62	1.11	0.34
0.05	0.08	0.23	0.10
1.62	1.30	2.46	0.50
2.4	1.3	0.7	1.0
7.1	3.1	13.4	1.38
8031	8032	8033	8034